Índice

1 Formación del Arco Iris; Newton contra Descartes

2 La Regla de la Tabla Periódica

3 Cristalización

4 Evaporación

5 Sustentación en el aire de un avión

6 Anillamiento

7 Doble Rendija

8 Comunicación Extraterrestre

9 Naturaleza de la Luz

10 La Luz dentro de un Agujero Negro

11 Atrae la Gravedad a la Luz o es un mero comportamiento de Refracción.

12 Materia Oscura en Brazos Galácticos

13 La Gripe y los conquistadores españoles.

14 Visión Creativa sobre el Cáncer

15 Refracción de la luz

1 EL DISCO DE COLORES DE NEWTON RESUELVE EL PROBLEMA DEL ARCO IRIS

Hasta ahora se suponía que el arco iris se formaba al refractarse y reflejarse la luz del sol en cada gota de agua.

De manera que la unión de todos los rayos de luz refractados en cada gota de agua formaba un único arco iris.

La geometría de la reflexión es tal que todas las gotas que reflejan la luz del Arco Iris hacia nosotros se encuentran en un cono con los ojos en la punta.

Este cono es el que daría forma circular al Arco Iris.

Pero esta interpretación refrendada por Rene Descartes; parecía tener problemas; en primer lugar, algunos detractores afirmaban que el resultado de este proceso produciría miles de Arcos iris en vez de un único Arco Iris. En segundo lugar, parecía más lógico pensar que la forma circular del Arco Iris era debida a la refracción del círculo solar en vez de a la geometría de la reflexión de las gotas que reflejan la luz, como vemos en el siguiente gráfico.

Esta idea resolvería el problema mencionado de la formación de miles de arcos Iris. Para estudiar estas dos posibilidades analicemos la siguiente foto:

En ella vemos que la luz que entra por una sección del semicírculo del tragaluz de la puerta es reflejada por un espejo que mantiene una persona en su mano; hacia la parte interior de la misma puerta, esta luz a la vez que se refleja es refractada por el cristal del espejo. Con este experimento hemos cambiado el foco solar circular por un foco de forma irregular y apreciamos que el arco iris formado reproduce la forma del foco irregular, esta situación no puede ser explicada por la teoría de Rene Descartes, pues para él la forma circular del arco iris venía dada como hemos visto porque las gotas que reflejan la luz del Arco Iris hacia nosotros se encuentran en un cono con los ojos en la punta.

Apreciamos que la forma circular del arco iris viene dada por el foco emisor de luz que lo genera. Sin embargo, la consideración del origen del Arco Iris como producto de la refracción del círculo solar mientras cruza la lluvia, genera algunas incógnitas: Por ejemplo;

deberíamos obtener como resultado un círculo iris completo y no solamente un arco.

Para resolver este problema vamos a acudir a otro clásico; Isaac Newton y su Disco de colores.

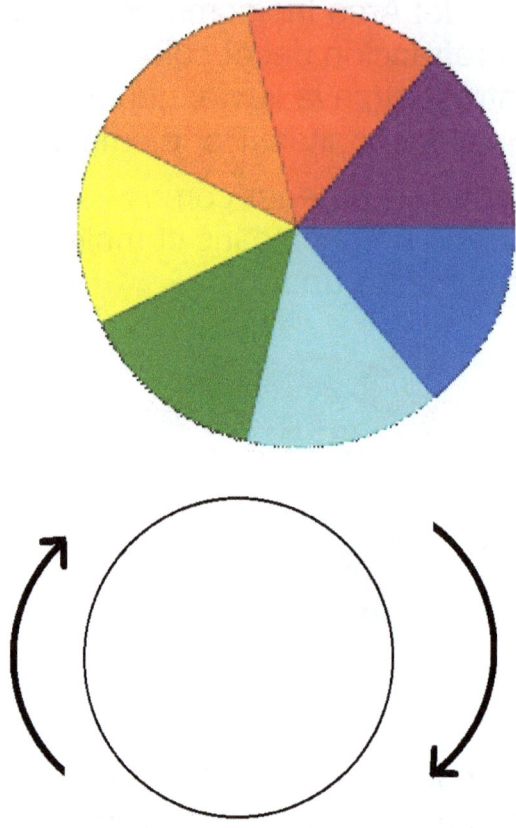

Newton hizo girar su disco de tal manera que los diferentes colores se superponen en nuestra retina dando como resultado una vista del color blanco. El blanco es la suma de los demás colores.

Esto es lo que ocurre en la luz refractada del interior del sol, que se forman arcos iris superpuestos que dan como resultado la luz blanca. Quedando como remanente el arco iris del contorno del Sol pues en el contorno no se producen arcos iris superpuestos.

El segundo problema como vemos en la foto;

sería conocer ¿por qué el arco iris aparece separado a una distancia del foco que lo produce? y la respuesta es porque el arco iris se forma por la refracción de la luz producida aquí por el cristal del espejo, y la refracción consiste en un cambio de dirección de la luz, en este caso hacia el exterior, este cambio de dirección es el que produce el alejamiento progresivo de los colores del arco iris al exterior, respecto al foco que lo produce. De ahí que el arco iris observado en el cielo es de tamaño muy superior al círculo solar que apreciamos en el firmamento.

El arco iris de Descartes, al ser producto de la refracción de la luz en las gotas de agua, coloca al observador siempre en el centro del Arco, de tal manera que, si el observador se desplaza, el Arco debe desplazarse también para mantener siempre la luz del Sol un ángulo con el observador de 42°.

A continuación, vemos algunas fotos del Arco Iris visto desde un avión donde apreciamos que no guarda los 42° descritos por Descartes. Su teoría en consecuencia queda en duda.

De la observación de las fotos podemos concluir que el arco iris está impreso en la capa de aire y no depende del ángulo de observación del testigo.

Por otro lado; deberíamos observar el interior de los Arcos Iris en color blanco, tal y como ocurre en el Círculo de Colores de Newton.

Sin embargo, podemos apreciar en las fotos que el interior del Arco Iris, aunque no de color blanco; sí que mantiene un tono más blanquecino y claro en relación al exterior.

Este tono blanquecino en el interior del Arco Iris es imposible de razonar con la teoría clásica de que la luz es refractada y reflejada en la gota de agua.

Pero sí constituiría la prueba indiscutible de que el Arco Iris, padecería un efecto similar a la del Disco de Colores de Newton.

En ocasiones podemos observar en el cielo un segundo Arco Iris, veamos cómo se forma éste.

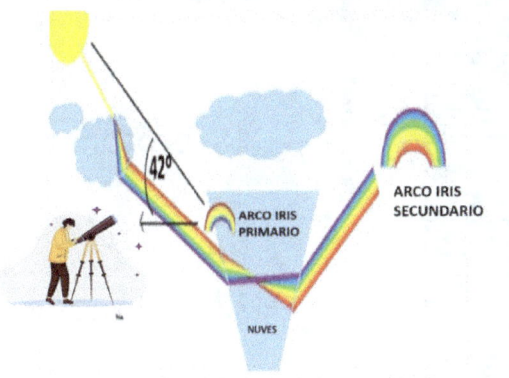

2 LA REGLA DE LA TABLA PERIODICA

A continuación, vemos la sucesión de Gases Nobles en la Tabla periódica con sus números atómicos.

Numero Atomico	
He	2
Ne	10
Ar	18
Kr	36
Xe	54
Rn	86
Og	118

- Ne, Ar: + 8 protones
- Kr, Xe: + 18 protones
- Rn, Og: + 32 protones

Observando el número Atómico de los gases nobles podemos entrever una regla en los mismos:

Del Helio al Neón se suman 8 protones en el núcleo del átomo (del 2 al 10) y del Neón al Argón se suman otros 8 (del 10 al 18)

Del Argón al kriptón se suman 18 protones (del 18 al 36) y del Kriptón al Xenón se suman otros 18 protones (del 36 al 54)

Del Xenón al Radón se suman 32 protones (del 54 al 86) y del Radón al Oganesón se suman otros 32 protones (del 86 al 118).

Apreciamos 2 curiosidades:

1) cado 2 Gases Nobles consecutivos hay que adicionar el mismo número de protones.

2) entre cada par de Gases Nobles en los que se adiciona el mismo número de

protones, se produce un salto de número de protones a adicionar.

Dicho de otra manera, del Helio hasta el Par Neón-Argón se suman 8 protones adicionales.

Del par Neón-Argón al par Kriptón-Xenón, se suman 18 protones adicionales.

Del par Kriptón-Xenón al par Radón-Oganesón se suman 32 protones adicionales.

Hay 2 temas a considerar:

1) porqué se produce la duplicidad de la secuencia; porque del Helio al Neón se suman 8 protones y la adición de 8 protones

también del Neón al Argón. Sin embargo, del Argón al Kriptón se adicionan 18 la misma cantidad se repite del Kriptón al Xenón.

2) es el extraño salto entre 2 secuencias iguales entre Gases Nobles.

Si analizamos el punto 2) observamos que el salto de protones adicionados para pasar de un par de Gases Nobles a otro (8 – 18 – 32) se puede plasmar en una fórmula: Protones adicionados = $2n^2$ donde ``n`` sería el número de secuencia de cada par de gases nobles con adición de la misma cantidad de protones. Aplicando esta fórmula sí que podemos hallar los protones adicionados 8-18-32 según consideremos a ``n`` como secuencia 2-3-o 4

Para interpretar esta regla de la Tabla Periódica en el mundo de la química y el átomo la explicación más acertada sería considerar a ``n`` como el número de capa atómica formada.

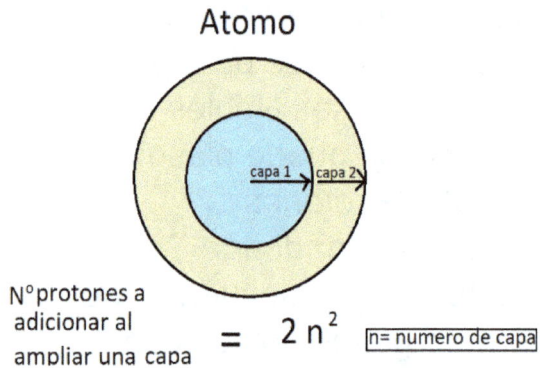

Las magnitudes elevadas al cuadrado, siempre lo hemos asociado con cálculo de áreas, mientras que las magnitudes elevadas al cubo las asociamos con cálculo de volúmenes.

Vamos a comparar la ecuación ¨$2n^2$¨ con la formula del área del círculo: $= \pi r^2$

Podemos llegar a la conclusión de que ¨$2n^2$¨ es la mejor aproximación posible a

¨$\pi (3,14) r^2$¨ de manera cuántica, pues como sabemos de capa a capa atómica, hay valores que no pueden ser adoptados.

Las consecuencias de la comparación de las 2 fórmulas nos llevan a intuir un átomo con forma preponderante de círculo; esto es con forma de espiral (en vez de esférico, pues en ese caso deberíamos haber obtenido una ecuación elevada al cubo tal como vemos en la formula del volumen de una esfera

$$V = \frac{4}{3} \cdot \pi \cdot r^3$$

Una espiral que puede ser muy bien causada por el espín de los protones en el núcleo; a mayor número de protones la espiral atómica coge más fuerza y las capas del átomo van aumentando. (véase libro "Por fin una Teoría del Todo razonable")

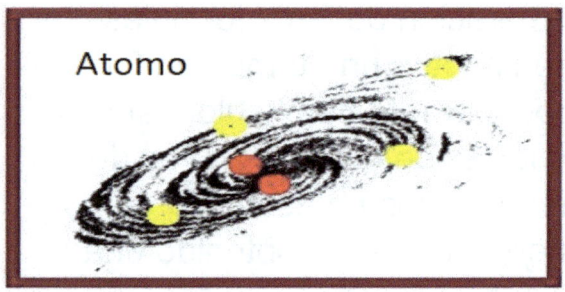

Esta idea encajaría con la foto sacada por Un equipo de la Universidad de Griffith en Brisbane (Australia) que fue capaz de fotografiar la sombra de un átomo de Iterbio.

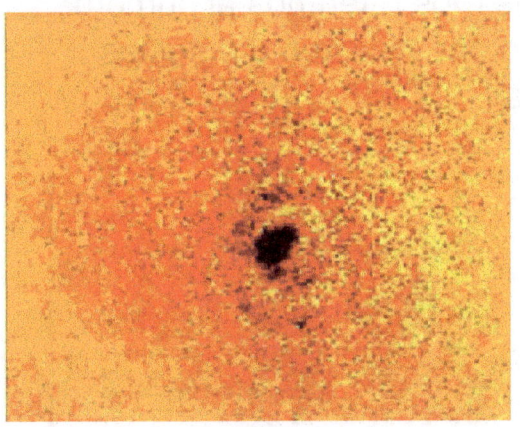

Una vez analizado el punto 2), pasemos a ver el punto 1); ¿por qué el número a adicionar de protones entre gases nobles se repite por pares?

Y la razón es más que obvia, para pasar de una capa en el átomo a la siguiente se deben de incorporar 2 series de gases nobles (nos referimos al número de protones existente en estas 2 series).

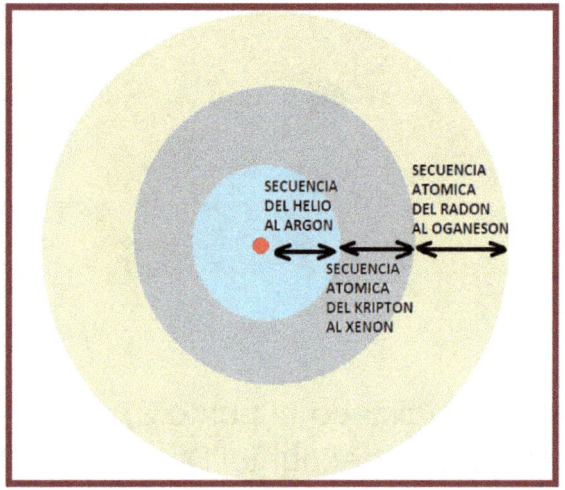

Así llegamos a una nueva estructura del átomo que sería la que debería guiar la química atómica en el futuro.

El salto entre capas atómicas sería la base principal de la Teoría Cuántica.

Lo cierto es que la razón última por la que se produce el salto de una capa a otra es un misterio, pero el salto se produce y la prueba es que, de no ser así, el aumento del número de protones y elementos necesarios entre secuencias de gases nobles sería también progresivo y no cada 2 series de gases nobles un salto.

En cuanto al paso de una capa a otra, también parece que la unidad o ladrillos que se utilizan son 2 secuencias de gases nobles también, la razón es desconocida hasta el momento.

A continuación, expongo una posible respuesta, basada en la formación de espirales atómicas de las que ya hemos hablado anteriormente:

Imaginemos un elemento suspendido en el espacio; formaría una espiral doble con 2 entradas de captación de nuevos electrones o partículas negativas.

Cada elemento (con los protones en su interior); iría añadiendo electrones a la espiral, pero al final nos quedaríamos con 2 extremos de la espiral por completar: 1° se completaría uno

Formando así el primer gas noble de la capa y después el otro extremo.

Formando el segundo gas noble de la misma capa.

De ahí que se necesiten 2 secuencias en la tabla periódica para que se produzca el salto en cuanto número de protones a adicionar.

Pero porqué razón la espiral rellena 1° una corona y luego la otra; una razón podría ser que la espiral atómica para captar nuevos electrones lo hace a través de la corona de enlace, y es por ello que desarrolla 1° una corona y luego otra.

TRASCENDENCIA DE "LA REGLA DE LA TABLA PERIODICA":

Hasta la fecha no conozco ningún estudio científico que haya abordado esa Regla; lo más parecido es: Según el principio de Pauli; el máximo de electrones permitidos en cada capa del átomo; es $2n^2$ donde "n" es el número de capa atómica.

Sin embargo, este principio es una norma que nada tiene que ver con "La Regla de la Tabla Periódica".

Esta Regla se constituye como autentica base de la Mecánica Cuántica, pues afronta el salto de capa a capa en el átomo con una referencia directa a la realidad que plasma la Tabla Periódica.

Actualmente el estudio de la Tabla Periódica se basa en la Regla del Octeto; pero ¿Cuál es el origen de esta regla?

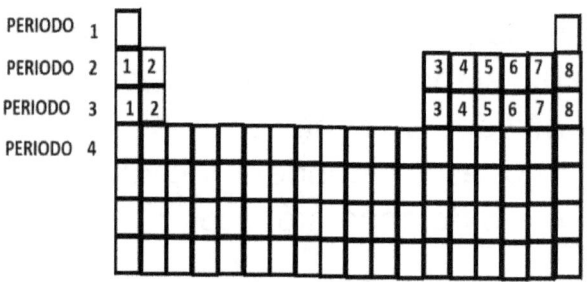

inicialmente para explicar las propiedades de la Tabla Periódica se empezó por los primeros elementos (periodos 2) a medida que se adicionaba un protón en el cada átomo para avanzar un elemento en la Tabla, se adicionaba un electrón para neutralizarlo. Hasta llegar al Gas Noble que era estable y de ahí se pasaba al siguiente periodo.

Como eran 8 elementos en el periodo 2 se necesitaron 8 electrones adicionados en la última capa del átomo para pasar del Helio al siguiente Gas Noble el Neón. En el periodo 3 se hizo lo mismo se fueron adicionando 8 electrones en la última capa hasta llegar al siguiente Gas Noble; el Argón. Sin embargo, en el periodo 4 y 5 había que adicionar no 8 sino 18 electrones; así que se inventó un sistema de manera arbitraria para que siguiese existiendo 8 electrones en la última capa del átomo como ocurría en los primeros periodos estudiados; el 2 y el 3. Este es el origen de la Regla del Octeto, en mi opinión carente de un fundamento y de una base necesaria.

Sobre esta base arbitraria del "Octeto" se ha construido el armazón de toda la química de la Tabla Periódica ha sido como construir una Catedral sin cimientos.

A esta regla se han adaptado todas las reglas posteriores: Orbitales de Schrodinger, Diagrama de Müller, Pauli, De Broglie, etc.

3 CRISTALIZACION

La cristalización es la formación de un compuesto solido con formas geométricas a partir de otros compuestos en general en estado líquido.

La cristalización se produce en dos pasos principales.

El primero es la nucleación, la aparición de un núcleo inicial con forma geométrica.

El segundo paso se conoce como crecimiento cristalino, que es el aumento en el tamaño que finaliza con la formación del cristal.

Fases del crecimiento:

1 CRECIMIENTO POR ADICION:

La idea más sencilla y simple sobre la cristalización es que las moléculas forman una determinada figura geométrica, y mediante procesos de adición o suma de esa misma figura geométrica llegamos a la formación final de una figura geométrica global que se puede observar a simple vista.

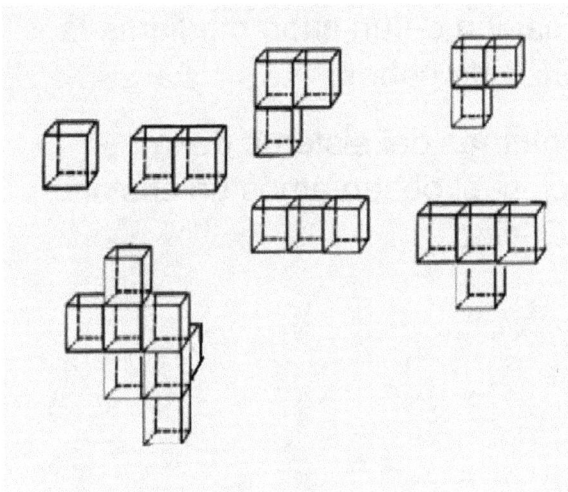

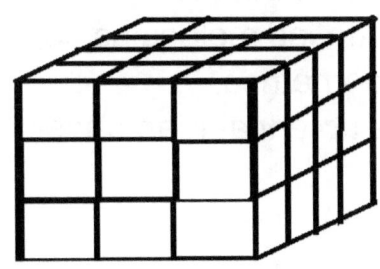

Este sería el proceso de la formación de un cubo mediante la adición de cubos,

Problemas del sistema de la adición: si observamos un cristal de Olivino:

Apreciamos a simple vista que es imposible un crecimiento por adición, porque las moléculas con esa forma geométrica, simplemente no encajarían unas con otras.

2) CRECIMIENTO POR PUNTOS DE ENLACE: esto quiere decir que en el cubo que vimos si consideramos que los átomos que forman la molécula y el cristal, están ubicados en los vértices del cubo;

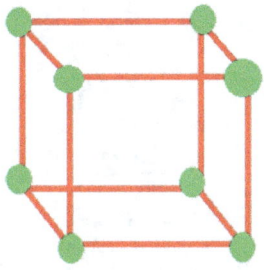

Cada vértice constituiría un punto de enlace.

De tal manera que, a mayores puntos de enlace, el cristal tiende a crecer en esas caras.

En el caso de los cubos; cada cara del cubo mantiene 4 puntos de enlace.

Luego a mayor número de caras mostradas en el borde del cristal, mayor probabilidad tendrá el cristal de crecer por esos puntos.

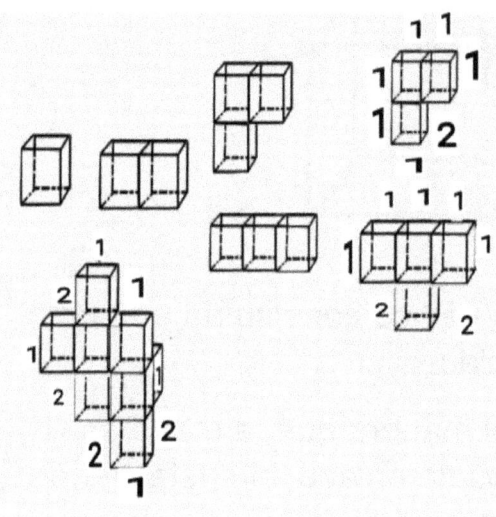

En la imagen vemos que en algunos puntos el cristal ofrece 1 cara al exterior y en otros ofrece 2 caras al exterior; sería en el lugar en el que ofrece 2 caras por donde el cristal debería adicionar nuevos cubos y expandirse.

Pero esta solución a la expansión de un cristal no resuelve una cuestión enigmática.

¿cómo sabe un cristal exactamente cómo debe crecer y hasta donde debe llegar y sobre todo, donde tiene que parar para formar un cubo o una figura geométrica perfecta con las aristas muy bien definidas?

3 REDES DE RECUBRIMIENTO

Para responder a estas preguntas y encontrar un sistema de crecimiento cristalino en el que tengan cabida todas las cristalizaciones que observamos en la naturaleza;

1°fase sería la formación de un núcleo materializado por la unión de una o varias moléculas con una determinada forma geométrica.

2° fase: sobre este primer núcleo creado por la unión de las primeras moléculas con una forma geométrica; se iría formando una capa molecular que ya no tienen la estructura geométrica inicial, sino que rompen esta estructura formando redes de recubrimiento, que se enlazan al núcleo ya formado.

Si consideramos que un núcleo de cuarzo se forma por moléculas hexagonales acopladas verticalmente formando el tronco, la pregunta, ¿Cómo se fabrica la pirámide superior sobre el tronco:

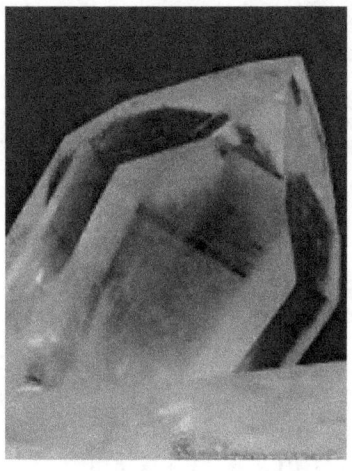

Podríamos pensar que una de las caras del prisma inicialmente formado; crece con ángulo hacia dentro e influye en las otras hasta llegar al vértice.

Con el sistema de Redes de recubrimiento: deducimos que las primeras moléculas de cuarzo hexagonales enlazadas en vertical, tras formar el tronco, enlazaron en la parte superior triangulando con otras átomos o moléculas y este grupo de las primeras moléculas formaron el núcleo inicial.

La cristalización aquí descrita da cabida a todas las formas de cristalización.

A continuación, vamos a estudiar la cristalización más sencilla posible en el sistema cubico simple.

Tenemos la molécula inicial con los átomos en los vértices del cubo en verde.

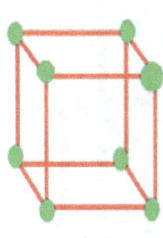 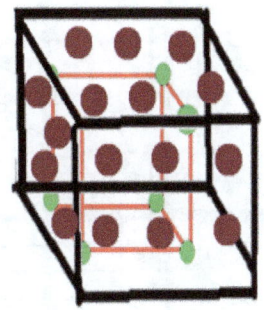

Las moléculas (encarnadas) van formando una red de recubrimiento alrededor del grupo cubico molecular inicial.

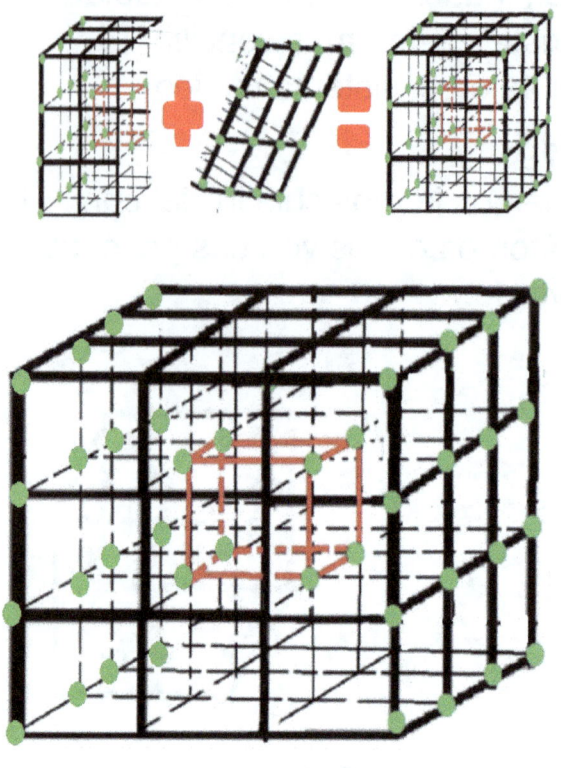

Pero el sistema de redes de
Recubrimiento, tampoco da

explicación en sí a la incógnita de cómo sabe el cristal hasta donde tiene que llegar y hasta donde llevar los vértices y las aristas para para formar un cubo perfecto y proporcionado.

La respuesta la da:

4° FUERZAS IONICAS MOLECULARES EN EL INTERIOR DEL CRISTAL

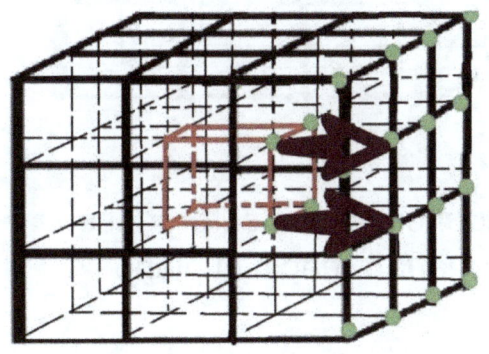

En la imagen vemos que los átomos que forman la molécula del cubo central afectan de manera iónica a los átomos situados en el borde del cubo formado.

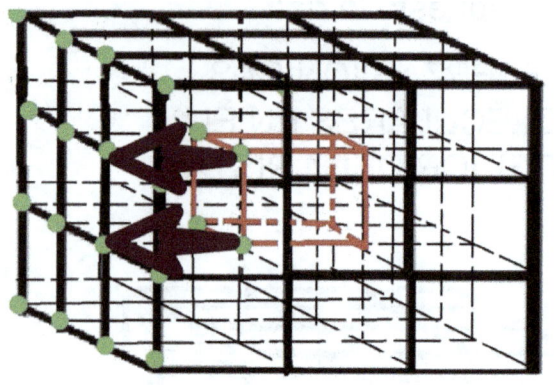

Esta influencia iónica se produce de igual manera hacia el plano derecho.

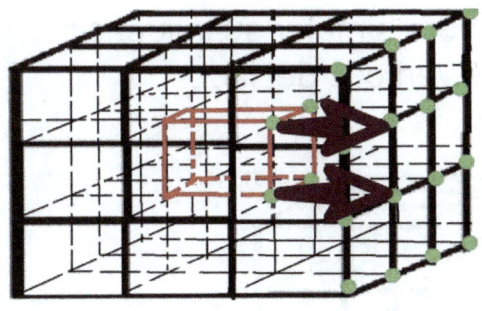

A continuación vemos graficamente la influencia sobre los vertices del plano del cubo.

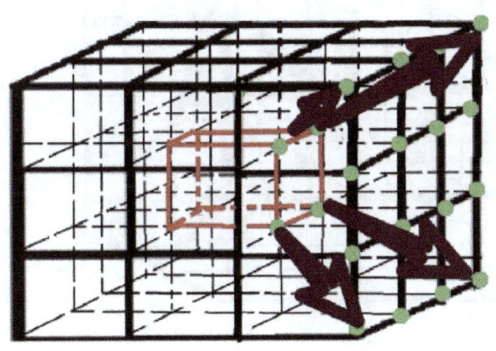

Y de manera simular su influencia sobre los vértices del lado izquierdo.

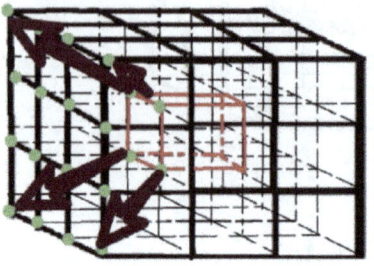

Mas ejemplos:

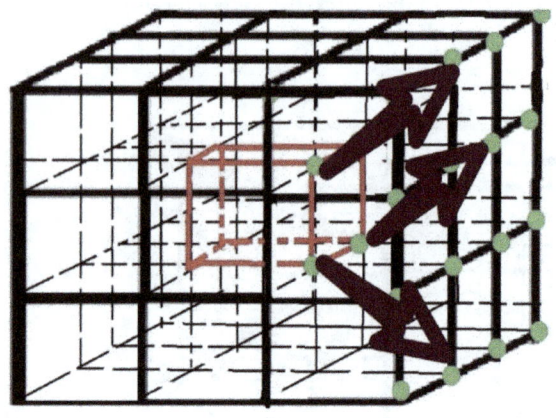

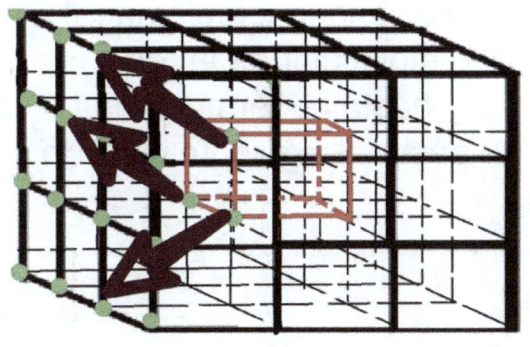

CRECIMIENTO DE CRISTAL DE CUARZO

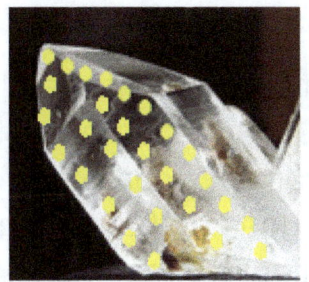

Una vez formado el núcleo del cristal este va tejiendo en todas las caras un recubriendo superficial y la tendencia seria ir completando cada nivel molecular de la red cristalina y hasta no terminar un nivel; no pasar al siguiente nivel de la red.

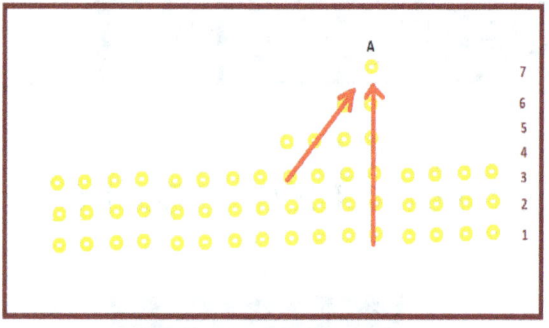

En la imagen vemos la última molécula adherida al cristal la "A" en la capa 7 y cómo se ve atraída por 2 líneas de fuerza iónica provenientes las moléculas cercanas en la red cristalina.

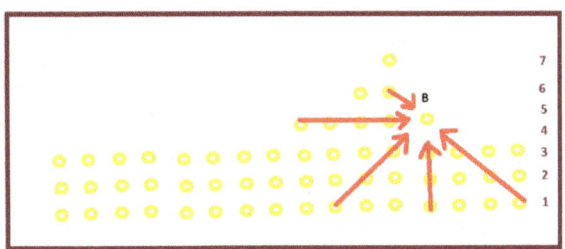

Sin embargo, la molécula "B" se ve fijada en ese punto; por 4 líneas de fuerza iónico-moleculares. Las fuerzas iónicas de las moléculas adyacentes, unido a las fuerzas iónicas del interior del cristal, son las causantes de que se vayan rellenando los niveles inferiores, en vez de que el cristal vaya progresando en otros niveles.

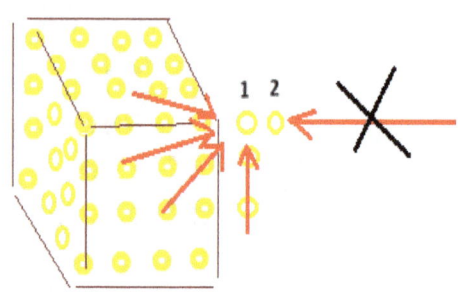

El cubo va progresando por uno de sus lados; Las moléculas como la 2 no se adhieren horizontalmente pues carecen de fuerzas iónicas de moléculas colindantes que las fijen en esa dirección mientras que la molécula 1 si mantiene fuerzas iónicas de moléculas colindantes que la fijan en el vértice del cubo.

El núcleo del cristal va creciendo en capas mono moleculares, y son las fuerzas iónicas moleculares superficiales e interiores del cristal las que hacen que crezca de esta manera.

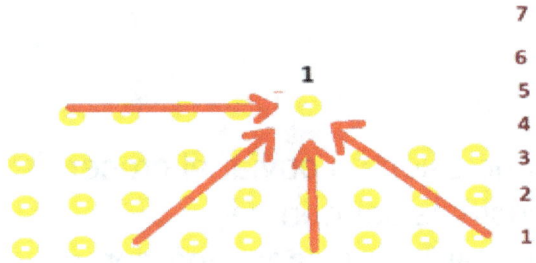

De no existir estas fuerzas iónico-moleculares en el interior del cristal, el crecimiento podría ser aleatoriamente en cualquier dirección formando capas simultaneas.

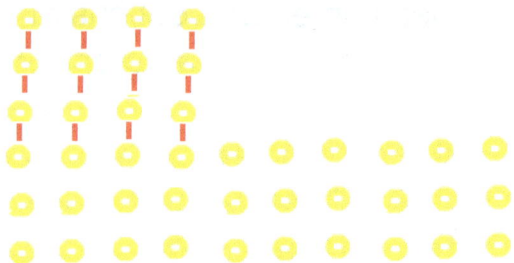

La conclusión es obvia; al crecer los cristales tienden a ir completando las capas inferiores debido a que las fuerzas de cohesión iónicas son mayores en estas capas que en las superiores.

Nótese que las fuerzas iónicas interiores que proporcionan átomos y moléculas, no son solo para sujetar una nueva molécula al cristal, sino también la colocan en un sitio determinado, esto es lo que hace que el cristal al crecer forme las aristas, bordes, planos en un ángulo determinado etc. O dicho de otra manera estas fuerzas iónicas son las que a la postre moldean y controlan el crecimiento del cristal con su forma geométrica y simétrica.

Pero porqué para de crecer un cristal al unísono en todas las caras al mismo tiempo:

Bueno digamos que el cristal puede empezar a crear una nueva capa superficial en una zona determinada con mejores condiciones de cristalización, y esta zona propaga la extensión de la capa a todo el cristal mediante la aportación de las fuerzas iónico-moleculares horizontales en toda la superficie.

Unido a que como vimos en el ejemplo anterior las fuerzas iónicas del núcleo y del cristal en formación actúan con más fuerza en las capas interiores que en las exteriores.

Si en esa zona las condiciones de cristalización empeoran; deja de generarse nuevas capas; las fuerzas iónico moleculares superficiales dejan de actuar y alimentar al resto de la capa del cristal y se produce un parón generalizado al unísono en el crecimiento.

Con este sistema de cristalización basado en formación de un núcleo, capas de recubrimiento y fuerzas ionizantes del interior del cristal y fuerzas iónicas superficiales; parece que se resuelve el enigma: de ¿cómo sabe el lado derecho hasta dónde llega el lado izquierdo para pararse a la vez y formar una figura geométrica simétrica?

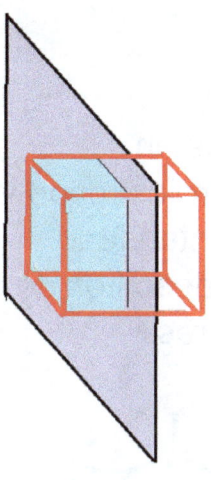

COPO DE NIEVE:

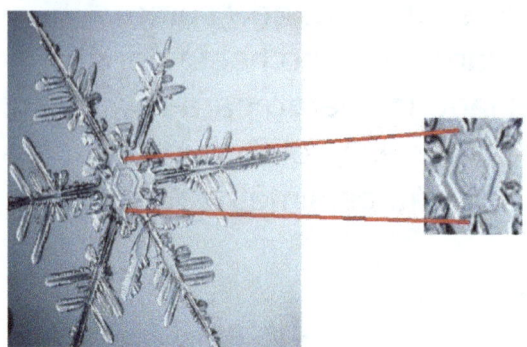

En la foto apreciamos un hexágono en el centro del copo y su formación cabe entenderlo según los procesos descritos de cristalización anteriores;

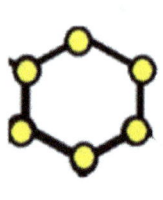 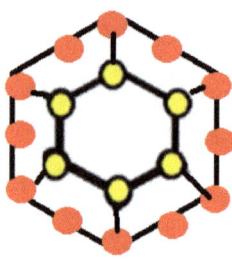

Una vez que observamos el copo en su totalidad;

Vemos la foto de un hexágono que va a ocupar todo el perímetro del copo de nieve pero que aparentemente está en mitad de su formación; apreciándose unas ramas cristalinas que conformaran los vértices del hexágono global final del copo de nieve.

Para describir el proceso de formación de un copo debemos antes de entender las diferentes clases de cristalización del hielo:

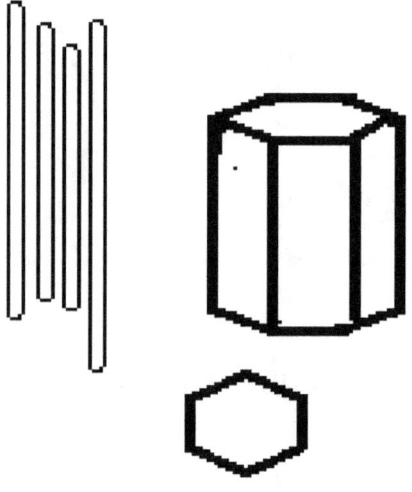

Vemos que el hielo no solo forma

hexágonos, sino que también puede formar agujas y prismas o columnas.

En esta otra imagen vemos que del centro salen unas ramas formando agujas y coronadas por hexágonos en formación.

De las ramas que salen del centro van creciendo hexágonos de diferentes tamaños.

Todo ello nos lleva a deducir que las figuras que recogen los copos no es la formación de un hexágono global recogido en un momento de su formación, sino más bien la formación de cristales de diversas formas (columnas pirámides, agujas, hexágonos) de naturaleza dendrítica y maclas; formados a partir de las ramas desarrolladas desde los vértices de un hexágono primario y central.

IMPORTANCIA DE ESTE ESTUDIO DE CRISTALIZACION

La verdadera importancia de este estudio no es la utilizar los conceptos de adición, puntos de enlace, o redes cristalinas, ya que son conceptos utilizados desde hace tiempo en el mundo de la cristalografía; Lo verdaderamente novedoso es haber determinado en el momento en el que se forma el núcleo cristalino y la forma geométrica del cristal y que es el momento en que se juntan las primeras moléculas y átomos formando una forma geométrica, y sobre esta forma geométrica no se adicionan más formas geométricas iguales sino que se va recubriendo con una red cobertora de átomos y moléculas.

La lógica es la que ha determinado este crecimiento del cristal, ya que como hemos comprobado hay cristales que, debido a la complejidad de su forma, impiden su crecimiento por el procedimiento de adición, una vez descartada la "adición" sólo nos queda el procedimiento de redes de recubrimiento.

Las fuerzas iónico-moleculares del interior del cristal que influyen en el crecimiento es otro de los elementos novedosos del estudio, que determinan las causas ultimas y fundamento del crecimiento de los cristales.

4 EVAPORACION

Primero vamos a definir qué es el calor:
la sensación de calor la sentimos en nuestra piel por la vibración de las partículas que están en contacto con la misma en el caso nuestro sería la vibración de los electrones externos de las moléculas de aire nitrógeno y oxígeno.

La evaporación es un proceso físico que consiste en el paso lento y gradual de un estado líquido hacia un estado gaseoso,
el hielo y el agua líquida lo que hace es mantener más cohesionada sus moléculas respecto al vapor de agua cuyas moléculas no están cohesionadas y andan sueltas, en el hielo y agua

las moléculas comparten los electrones de sus capas externas, pero al separarse las moléculas en vapor ya no pueden compartir tantos electrones y necesitan captar electrones de su entorno para mantener su equilibrio.

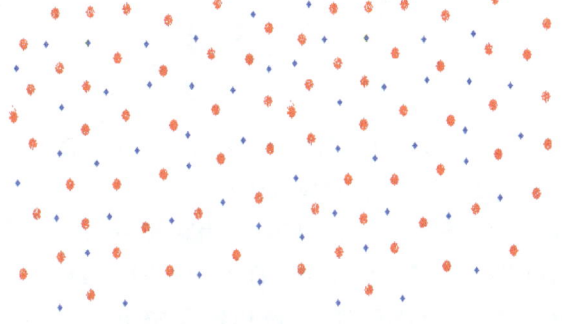

Esta imagen representaría el agua en estado líquido; las moléculas de agua serían los puntos rojos y en azul los electrones compartidos.

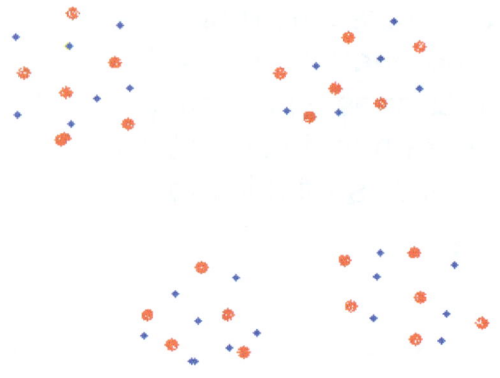

Esta imagen representa vapor de agua que comparte menos electrones que el agua líquida. Al compartir menos, necesita más electrones que estabilicen sus moléculas y lo que hace es robarlas de la superficie del agua líquida circundante o de su entorno.

El calor lo produce la vibración de los electrones de la parte externa de las moléculas.

El agua en contacto con la piel que se evapora debe recoger electrones de su entorno para compensar los que antes compartía; estos electrones cogidos del entorno son de las capas externas de los átomos de nitrógeno y oxigeno del aire, así como de las capas externas de los átomos de nuestra piel en contacto con el agua que se evapora y que son los electrones que al vibrar producen calor. La ausencia de calor nos produce sensación de frío.

Pero ¿porqué al nevar aumenta la temperatura ambiente?

Se produce el efecto contrario al descrito anteriormente.

Al pasar el agua de estado de vapor a líquido y sólido o nieve, las moléculas de agua comparten más electrones, los sobrantes son liberados al aire produciendo aumento de temperatura.

5 SUSTENTACION EN EL AIRE DE UN AVION

Normalmente se ha dado por hecho que la sustentación en el aire de un avión era debido al efecto Bernoulli; idea desmentida desde la propia NASA.

Para entender cómo un avión se mantiene en el aire lo mejor es utilizar el símil; que sería clavar un clavo largo en un árbol a martillazos:

Se coloca el clavo en una dirección oblicua ascendente y a base de martillazos va avanzando penetrando el árbol.

Pero el árbol tiene un cuerpo de madera firme y el aire no.

Sin embargo, el aire sí que mantiene una cohesión y un cuerpo, aunque menos compacto que el de la madera como lo demuestra el hecho que al soltar una hoja de papel va bajando al suelo lentamente zigzagueando, o cuando notamos la presión del viento en nuestro rostro.

Volvamos al clavo; una vez que el clavo introduce su punta en el árbol, cada vez que le damos un nuevo martillazo, se adentra siguiendo el camino que siguió su punta; ¿por qué razón sigue este camino y no otro?, porque la punta abrió la cohesión de la madera en un punto y en una dirección y a la hora de continuar sigue el camino más sencillo que ya está abierto.

Pero ¿por qué el clavo una vez que ha penetrado en el árbol no cae al suelo?; ni más ni menos que debido a la sustentación que le proporciona la madera del árbol.

De manera similar ocurre con la sustentación del avión.

Sigue el camino y la dirección abierto por su punta y el martillazo sería el motor del avión, al igual que el clavo la sustentación se la proporciona el mismo aire.

El aire en sí mismo tiene poca cohesión y necesita el movimiento para ejercer presión; para sentir la presión del aire en la cara necesitamos el movimiento del viento.

Lo mismo pasa en la cometa, para que vuele necesitamos el movimiento del viento.

El movimiento lo podemos desglosar en 2 partidas:

1 la resistencia del aire a desocupar el lugar que ocupa.

2 la inercia por la que un cuerpo en movimiento tiende a seguir con ese movimiento.

En el avión es diferente, el movimiento lo proporciona el empuje del motor sobre el avión, sin este movimiento que proporciona el motor, el aire debajo del avión se separaría porque no tiene la cohesión de la madera y el avión caería.

Luego:

- la sustentación del aire
- la apertura de un camino en el aire
- la tendencia a seguir un camino abierto ya que se

requiere menos fuerza de empuje
- la inercia del avión
- el empuje del motor

Todo ello son factores clave en el vuelo del avión.

6 ANILLAMIENTO

Los anillos de saturno Urano, Júpiter y Neptuno se encuentran situados en el plano ecuatorial del planeta, (plano perpendicular al eje de rotación).

Vemos pues una tendencia a ocupar el plano ecuatorial que no es otro que el plano perpendicular al eje de jiro de cada planeta.

La razón última que se da sobre la posición de los anillos en este plano, se desconoce, aunque se presenta la siguiente hipótesis:

1°El plano escogido debe ser un plano que pase por el centro del planeta; estos planos ocupan la mayor superficie posible del planeta y por tanto despliegan la zona de mayor gravedad.

2° cualquier plano que pase por el centro del planeta valdría para desplegar la mayor influencia gravitatoria, pero ¿Por qué el plano ecuatorial?

Hipótesis:

a) los anillos son restos de lunas que chocaron con el planeta;
b) los anillos son restos de material de la nebulosa que formó el sistema solar.

Estas explicaciones no son válidas, ya que los planetas tienen diferentes inclinaciones respecto a su órbita solar, y los anillos parecen seguir el plano ecuatorial en vez de el plano de la órbita solar o eclíptica.

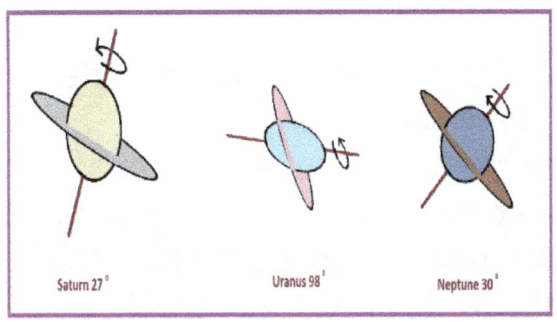

Ante esta incógnita se han tratado de dar explicaciones poco convincentes como que es la gravedad de los satélites pastores la que mantiene el anillo muy delimitado.

Sobre todo, porque aplicando las leyes de Newton y Einstein sobre la gravedad, no se puede explicar por qué los anillos se forman siempre en el plano ecuatorial, ya que podrían formarse en cualquier otro plano del planeta.

Sin embargo, ante la evidencia de que el anillo sigue el plano ecuatorial, incluso si el planeta se inclina o balancea para crear sus propias estaciones; LOS ANILLOS TAMBIEN BALANCEAN CON EL PLANETA.

Debemos concluir que las leyes de gravitación de Newton y Einstein están incompletas y habría que buscar una forma de gravedad modificada, que explique la evidencia de formación de anillos en el plano ecuatorial.

Vamos a ofrecer una posible solución y para ello, traemos aquí el extractó del libro "Por fin una Teoría del Todo Razonable":

Premisa previa:

Si la gravedad afecta al espacio vacío y la gravedad es producida por una partícula el Bosón de Higgs (Según afirma el Modelo Estándar de partículas); entonces el espacio vacío está lleno de Bosones de Higgs.

Los protones del núcleo atómico, con su espín; forman tornados y espirales atómicas que atraen a los electrones y también a los Bosones de Higgs, en el espacio circundante;

   Gráficamente:

(los protones representados en color rojo en el centro del núcleo atómico). Apreciamos que el átomo con su espiral arrastra a su interior los Bosones de Higgs existentes en el medio circundante al átomo; Los recoge por el lado donde hay mayor densidad y los transporta al lado opuesto.

Estos Bosones golpean a los protones del núcleo atómico por el lado opuesto al que los recogen, y los protones golpeados modifican su posición y espiral en dirección del lado por el que fueron captados inicialmente los Bosones.

Este mecanismo tan simple y gráfico es el que da explicación a la Atracción Gravitatoria.

Los Bosones de Higgs vagan por el medio físico y son captados por el átomo por la zona de mayor densidad y golpean los protones del Núcleo por el lado opuesto.

El átomo va así captando por un lado y expulsando por el otro Bosones sobrantes.

Estos Bosones sobrantes vagan por la cercanía en este caso de los planetas y llegarían a las partículas que formarían los anillos en movimiento debido a la rotación de los planetas.

Imaginemos que está lloviendo y una persona recibe las gotas de agua estando parada, y se pone a correr y parece que está más mojado, luego se sube en una motocicleta y parece que esta más mojado aún.
Pero realmente ¿una persona en movimiento recibe más gotas que una persona parada?

Si una persona fuese a la velocidad de la luz, atravesaría las gotas existentes en una distancia de 300.000 km durante un segundo.

Mientras que parada atravesaría las gotas de su perfil vertical (medio metro) durante 1 segundo.

La conclusión es que las partículas en movimiento interaccionan con su entorno de manera mayor en relación al tiempo.

Este hecho ocurriría con los Bosones de Higgs expulsados por los átomos de los planetas; que serían expulsados en movimiento; debido a la rotación del planeta y a la inercia. Serían expulsados preponderantemente hacia el plano ecuatorial de manera que influencian a las partículas que forman los anillos que interaccionarían con los Bosones en mayor medida por unidad de tiempo en el plano ecuatorial.

Esta sería pues la causa ultima de la formación de los anillos.

7 EXPERIMENTO DE LA DOBLE RENDIJA

Al lanzar un electrón o un fotón, por un cañón a través de la doble rendija identificamos en la pantalla detectora un impacto por cada partícula lanzada individualmente.

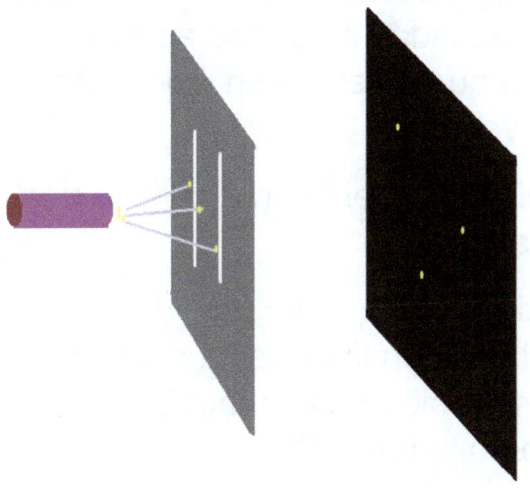

Se puede observar que cada lanzamiento de un fotón o un electrón produce una única señal en la pantalla detectora, tras atravesar la rendija.

Los fotones son emitidos por cañones de fotones que suelen utilizar átomos excitados con láser que al volver a su estado energético natural emiten un fotón. La intensidad se puede ajustar hasta que se emite un único fotón a la vez.

El electrón o el fotón atraviesa una de las

rendijas, aunque no este dirigido hacia ella en línea recta dejando su impresión en la pantalla.
¿Cómo lo hacen?;

Antes de contestar analicemos un segundo experimento:

Continuamos con la emisión de electrones o fotones hasta llegar a un enigmático patrón.

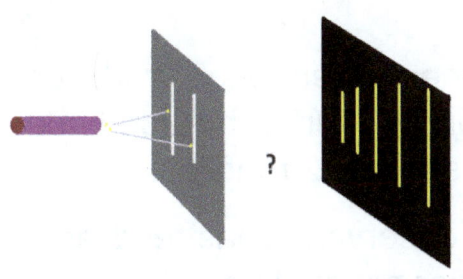

Este patrón que aparece en la pantalla; es un patrón de interferencia de ondas tal como vemos en la siguiente imagen.

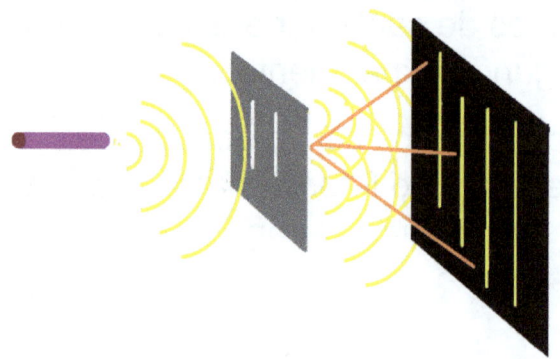

Los fotones o electrones producen un patrón de interferencia de onda cuando se usan 2 rendijas.

Pero si observamos las rendijas para saber por cual pasa el electrón o fotón:

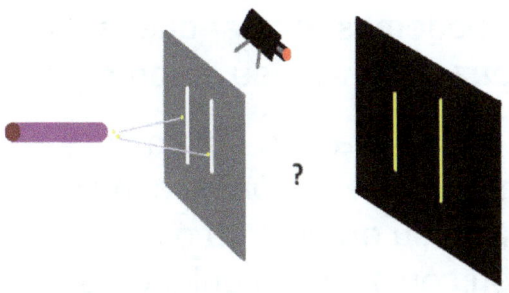

El patrón de interferencia de onda cambia a patrón de doble rendija.

Tratemos de razonar todo lo que ocurre:

En la atmosfera de la tierra hay capas invisibles de iones y electrones. A esta región de la atmosfera se le conoce como la ionosfera. La principal causa de estas capas es la luz ultravioleta del sol, la cual ioniza a los átomos y moléculas que están en la parte superior de la atmosfera.

Luego podemos afirmar que la luz es capaz de ionizar su entorno.

De la misma manera podemos afirmar que el electrón es capaz de ionizar su entorno ya que el electrón constituye la unidad de carga electromagnética.

No olvidemos también que el fotón interfiere con los electrones (efecto fotoeléctrico)

> Ambos son capaces de ionizar el medio circundante.

Para dar explicación al comportamiento de la "Doble Rendija" deducimos que al lanzarse un fotón o un electrón a través del cañón; avanza por delante de ellos una onda de ionización, que al atravesar la doble rendija se convierte en 2 ondas de ionización que interfieren como tales con sus picos y sus valles.

Por detrás de la onda de ionización; avanza el electrón o el fotón, que como si de un rayo se trataran, seguirán una traza zigzagueante que va desde el cañón a la pantalla detectora, atravesando una de las 2 rendijas; (siguiendo la traza que libere menos energía) y siempre en los límites de la zona de influencia de las ondas ionizadas con sus picos y sus valles, llegando a la pantalla detectora, donde quedará impresa su llegada.

De esta manera, aunque el cañón no esté dirigido a una las

rendijas, sin embargo, la partícula puede atravesarlas siguiendo la influencia de las ondas de ionización.

Pero ¿por qué razón al observar el paso de las partículas por las rendijas cambia el patrón de interferencia a patrón de doble rendija?

Para contestar primero debemos recordar que la luz interfiere con los electrones; (Efecto Fotoeléctrico);

Al iluminar las rendijas para ver por cuál de ellas pasa el electrón o el fotón; Estamos generando un 3° foco de interferencia producido por la luz que ilumina al detector.

Con un 3° foco de interferencia; se producen tantos picos y valles que se forma un tejido uniforme de picos y valles perdiéndose así el patrón ondas de ionización quedando un patrón resultante de zonas de mayor densidad de paso de partículas (fotón o electrón) ; resultando 2 franjas, un patrón de doble rendija.

En la foto vemos como un arroyo lateral vierte a un río.

Y a continuación vemos otra foto con un patrón producido por 2 focos

en el que hay tantos picos y valles que la superficie forma un tejido de picos y valles.

Al introducir un 3°foco de luz el tejido de picos y valles, se va a hacer más homogéneo con tanto pico y valle, dando como resultado un tejido plano en el que lo único que va a predominar a partir de ahí es el efecto de una nueva perturbación, como son los nuevos electrones o fotones emitidos, volviendo el patrón de 2 rendijas.

El científico Bohm explicó la teoría de "Onda Piloto" para describir el comportamiento del experimento de la "Doble Rendija"

"Es como una corriente de agua en la que hay una partícula que se mueve aleatoriamente dentro de la corriente de agua", aunque la idea es muy parecida a la comentada en este libro, la "Onda Piloto" no explica claramente porqué la partícula ha de seguir el itinerario descrito por la onda.

8 COMUNICACIÓN EXTRATERRESTRE

Para la búsqueda de comunicación con otras formas de vida en el cosmos, no basta con la búsqueda de ondas de radio (Proyecto SETI) debido a que hasta la fecha no hemos recibido ninguna señal que se haya comprobado sea extraterrestre. Y tampoco conocemos bien el verdadero alcance de las ondas de radio, emitidas desde grandes distancias como son otras estrellas. Con las grandes distancias las ondas de radio llegarían distorsionadas ya que a mayor alejamiento las ondas adquieren mayor amplitud y menor frecuencia.

Por todo ello deberíamos realizar una labor de empatía; ¿cómo otra civilización emitiría una señal, utilizando un lenguaje universal, al que todos los Mundos tengan acceso y lo entiendan?

¿Existe realmente un lenguaje Universal?

Para buscar respuesta nos tenemos que ir a lo más básico, algo que todos los posibles planetas habitados seguro que conocen y que no es ni más ni menos que el firmamento estrellado.

Efectivamente las estrellas del firmamento serían el lenguaje universal que todos en el universo pueden leer.

Ahora viene el siguiente problema, ¿cómo emitir mensajes utilizando las estrellas?

Lo primero que hay que considerar es que actualmente en la Tierra no existe una tecnología capaz de afectar al brillo de nuestra estrella, el Sol, como para mandar mensajes a través de él.

¿Pero podríamos inventar en el futuro una tecnología capaz de afectar al brillo del sol?

Serían bombas electromagnéticas que afectarían al brillo de nuestro astro, y que interferirían con su luz a la vez que el planeta mantiene un "Tránsito" sobre la estrella.

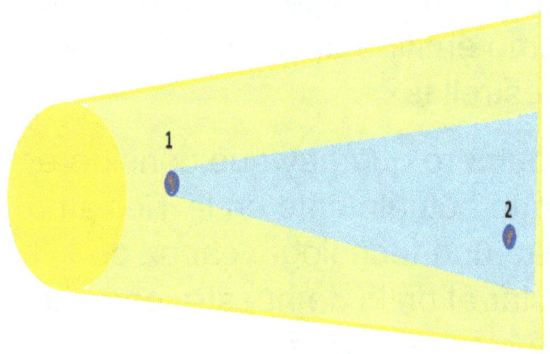

En la imagen vemos como la bomba electromagnética emitida por el planeta 1 durante su tránsito por la estrella eclipsaría la luz del planeta 2.

Esta bomba electromagnética reduciría el brillo estelar con una cadencia determinada que posibilitaría el envió de señales al estilo "Morse"; puntos y rayas, y la creación de un lenguaje Universal y fácil de entender con estos puntos y rayas y cadencias en el brillo; sería un lenguaje a base de imágenes creadas con esos puntos y rayas.

Así un humano se expresaría en la siguiente manera:

Dicho lo cual, y empatizando con un sistema extraterrestre que nos envié imágenes y que ya hayan logrado la fabricación de la bomba electromagnética, Debemos concentrar nuestros telescopios y antenas en la observación de las estrellas del firmamento y las posibles variaciones en su brillo con una cadencia determinada y antinatural susceptible de codificar en imágenes y en un lenguaje universal.

9 NATURALEZA DE LA LUZ

Ya hemos hablado de la interpretación del átomo como una espiral causada por el espín de los protones en el núcleo. Esta interpretación nos lleva a la siguiente deducción:

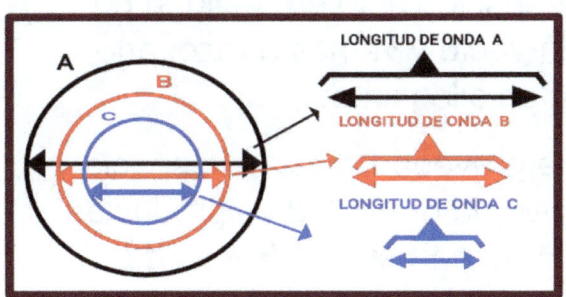

Los electrones del átomo al describir una órbita entorno al átomo emiten una onda de luz con una frecuencia determinada según su posición dentro del átomo.

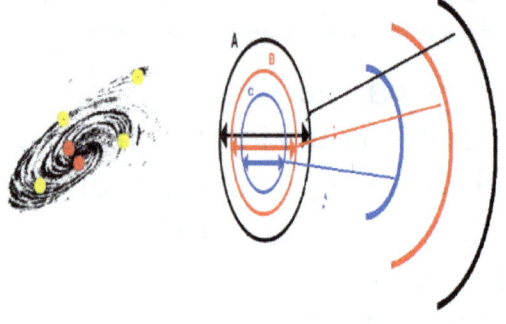

El espacio vacío en realidad no está vacío y vamos a razonarlo con un silogismo:

Si la gravedad afecta al espacio vacío y la gravedad es producida por una partícula el Bosón de Higgs (Según afirma el Modelo Estándar de partículas); entonces el espacio vacío está lleno de Bosones de Higgs.

Esta perturbación emitida por los electrones haría vibrar los Bosones de Higgs del medio circundante o el espacio vacío; la luz va así propagándose de tal manera que la luz que nos llega a nosotros no son las partículas emitidas por las estrellas sino la perturbación en el manto de Bosones, tal como ocurre con las olas en la playa que lo que nos llega no son las partículas que ocasionaron las olas sino la perturbación del agua que llega hasta la playa.

En esta similitud el mar se vería sustituido por un mar de Bosones de Higgs.

Las moléculas de agua o Bosones no se mueven, la vibración inicial es trasmitida de Bosón en Bosón y lo que nos llega es la perturbación de los Bosones que nos circundan y tenemos más cercanos, propagándose así la luz.

Si la luz fuese únicamente las partículas de las estrellas que llegan hasta nosotros:

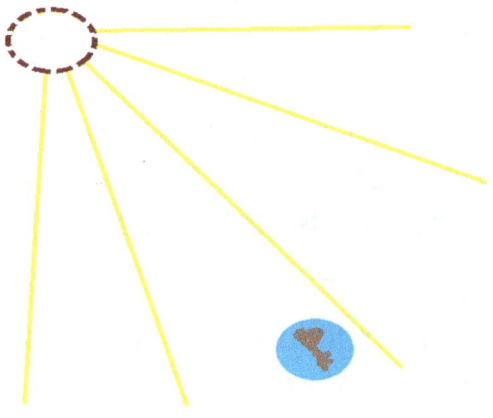

Entonces sus rayos no llegaríamos a verlos pues se dispersarían y pasarían de largo al llegar a la Tierra.

Si consideramos a la luz estelar como una onda;

La luz de la estrella no pasaría de largo y llegaría a nuestros ojos.

Pero si la luz es producto de una onda como es que vemos una estrella en un punto de luz; la razón que podemos dar es que la onda recibida de una estrella lejana tiene mayor intensidad en el punto donde se cruzan la línea recta que une la estrella y nuestros ojos.

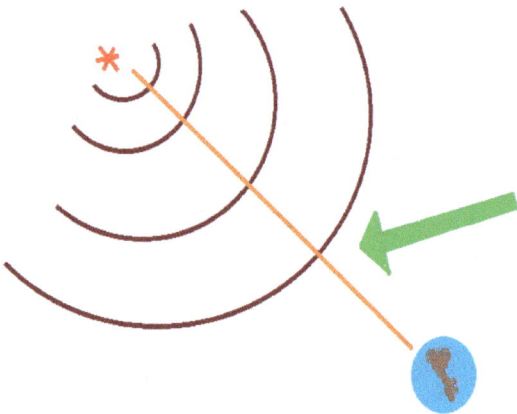

La flecha verde indica el punto de la onda de luz que llega a la Tierra con mayor intensidad y por ello veríamos esa estrella justo en ese punto.

10 LA LUZ DENTRO DE UN AGUJERO NEGRO

Veamos cómo interactúan los átomos con los Bosones de Higgs del medio circundante.

Imagen de un átomo con sus Bosones de Higgs en color negro, protones en rojo y electrones y en amarillo.

La espiral atómica se satura de Bosones de Higgs, y es incapaz de mantener en su interior a los electrones.

Los electrones salen de los átomos y pierden el contacto con estos y con el interior del agujero negro, saliendo despedidos del propio agujero.

Los átomos en el interior del Agujero Negro, al perder sus electrones, pierden también la posibilidad de emitir luz, tarea que realizaban precisamente ellos con su movimiento.

Este proceso suele producirse con lo que llamamos Supernova; momento en el que los átomos ya no pueden sostener sus electrones debido a la saturación de Bosones de Higgs en el átomo, y expulsan todo ello en un gran estallido.

Los que afirman que el Agujero Negro, atrae todo, incluso a la luz, lo hacen sin entender la verdadera naturaleza de la luz como onda; y una onda no puede atraerse.

Desde esta perspectiva no tiene sentido pues hablar de que la luz se ve atraída por la gravedad del agujero negro.

Los agujeros Negros emiten chorros de gas caliente; estas emisiones pueden ser producto de situaciones producidas justo antes de que el material sea tragado, ósea justo antes del horizonte de sucesos.

Los chorros de gas pueden ser producto de una Supernova o gran explosión que emite radiación en una dirección opuesta al foco de implosión del Agujero Negro.

También la radiación puede ser emitida por el canibalismo sobre un planeta o fenómenos de espaguetización, esto es compresión del material que cae en el Agujero, produciéndose la fusión de sus elementos y emisión de radiación.

El material que cae en el Agujero negro y atraviesa el horizonte de sucesos, es despojado de sus electrones, causantes de la emisión de luz con su vibración y por tanto dejan de emitir luz.

11 ATRAE LA GRAVEDAD A LA LUZ O ES UN MERO COMPORTAMIENTO DE REFRACCIÓN.

Einstein predijo que la gravedad atraería a la luz.

Eddington en 1919 envió una expedición a la isla de Santo Tomé en África Ecuatorial y fotografió un eclipse de sol en el que pudo comprobar que la luz de una estrella distante se doblaba al pasar por la cercanía del sol.

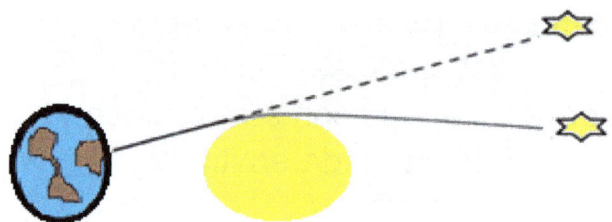

Pero Podemos interpretar este acercamiento de la luz en la cercanía del sol como un fenómeno de refracción.

La luz de una estrella lejana al pasar del espacio vacío a un medio con mayor densidad óptica, como es la atmosfera solar; puede refractarse y acercarse hacia la citada atmosfera; esto no implicaría que la luz se vea atraída por el sol, sino simplemente un cambio de dirección por refracción. De hecho, este fenómeno es muy común en nuestro entorno y sería imposible que la luz de la estrella lejana no se viese refractada por la mayor densidad óptica de la atmosfera solar.

Sin embargo, la predicción de Einstein también se ve refrendada por "La cruz de Einstein" que hoy en día llamamos "Lentes Gravitacionales":

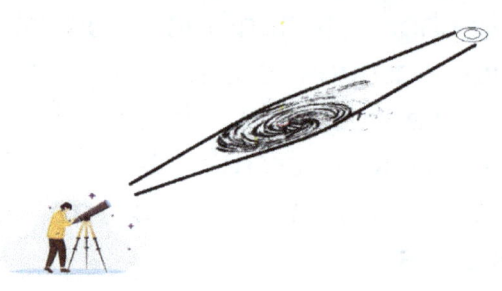

En el caso de las lentes gravitacionales atribuidas a que la luz de una galaxia lejana se ve curvada por la gravedad de otra galaxia interpuesta en el camino de la luz de la primera hacia nuestra Tierra.

Es difícil imaginar que la luz pueda refractarse en la cercanía de una zona con mayor densidad óptica como es la Galaxia, pues sabemos que las estrellas en la galaxia están distantes a unas enormes distancias y por ello es muy difícil que la luz se vea afectada por la atmosfera de estas estrellas, simplemente debería pasar entre medias de las estrellas, sin verse afectada por la refracción.

Este argumento también afecta a la atracción gravitatoria de la luz que debería pasar a través de la galaxia y sus estrellas sin verse desviada; y sin embargo se ve desviada.

Debemos de entender que la Materia Oscura que sabemos existe en la galaxia, otorga a la misma un halo de mayor densidad que el existente en el espacio vacío; esta mayor densidad puede traducirse en mayor densidad óptica que sí que afectaría a la refracción de la luz proveniente de una galaxia lejana, cambiando la dirección de la luz hacia el centro de la galaxia intermedia y comportándose como una lente óptica normal, o una lupa.

12 MATERIA OSCURA EN BRAZOS GALACTICOS

Sabemos que existe "Materia Oscura" (Materia que no son estrellas y que no se puede ver)

en el interior de las Galaxias debido a que las estrellas exteriores a la Galaxia se mueven a mayor velocidad que las estrellas interiores, contraviniendo las leyes de Kepler que defienden lo contrario.

El misterio es descubrir la naturaleza y lugar donde se haya ubicada esta Materia Oscura:

Se ha especulado que pueden ser Mini Agujeros Negros, o cualquier otra materia Bariónica;

De la observación atenta de una galaxia barrada (como es la que vemos en la imagen anterior); podemos deducir donde se encuentra la mayor parte de la Materia Oscura de la Galaxia y se encuentra precisamente a lo largo de los Brazos Galácticos; pues estos brazos de no estar la Materia Oscura en ellos se desvanecerían y formarían un grupo estelar difuso y sin concentraciones.

La concentración de la Materia Oscura en los Brazos es la que esculpe los mismos y a la postre sostiene una mayor velocidad de las estrellas externas, sería un efecto látigo; el cuerpo del látigo tira de la punta haciendo que ésta adquiera una velocidad mucho mayor y dañe al animal castigado.

Los brazos con esta mayor gravedad de la Materia Oscura fijan las estrellas adyacentes como un látigo fija su cuerpo a la punta.

Esta visión nos da una pista sobre la naturaleza de la Materia Oscura:

Si la Materia Oscura está en los brazos galácticos; entonces mantiene una relación con la materia ordinaria, sería como si desde la materia ordinaria (como son las estrellas); manara un halo de Materia Oscura.

13 GRIPE Y CONQUISTADORES ESPAÑOLES

Los conquistadores españoles al llegar a América propagaron las gripes europeas y la viruela;

Parecía que estas enfermedades más o menos estaban superadas por la población europea y sin embargo causaron gran mortandad entre la población americana.

¿Cuál es la razón?

La explicación sobre ello es confusa: algunos científicos aluden a que la madre (de los niños europeos) trasmitía los anticuerpos que tenía al bebe a través de la leche materna.

Esta explicación podría valer en la Edad Media, pero lo cierto es que los europeos seguimos manteniendo esta protección en la actualidad a pesar de que hoy en día los bebes toman leche en polvo pasteurizada y esterilizada, incapaz de transmitir ya anticuerpos.

Debemos encontrar la razón de esta aparente inmunidad por otros caminos.

Los virus evolucionan como todas las especies y bacterias, así un mismo virus evoluciona formando diversas cepas.

Una gripe determinada invadiría a la humanidad con sus primeras cepas presuntamente más débiles a las que los humanos han sabido adaptarse, posteriormente han venido otras cepas evolucionadas de esta gripe más mortíferas que las anteriores sin embargo los humanos que ya habían tenido contacto con sus primas antecesoras, supieron luchar contra esta nueva cepa más mortífera, estaban así inmunizados contra las cepas pasadas y futuras de esta gripe.

Esta cadena, inmunizaría a los humanos que se contagiasen con anterioridad de estas cepas, pero no inmunizarían a su descendencia.

Sin embargo, los bebes europeos también parecen inmunizados hacia estas gripes en la actualidad.

Para resolver esta cuestión debemos entender que las gripes

europeas y sus cepas no solo afectaron al sistema inmunitario de quienes se contagiaron, sino que estos virus se mezclaron con el genoma de cada persona y afectaron a su ADN generalizadamente incluyendo sus células reproductoras.

Una vez que cada individuo ha incorporado el ADN de estos virus a su genoma y a sus células reproductoras, obtendría inmunidad para él y para su descendencia.

Ya podemos dar explicación al porqué los bebes europeos parece que nacen con la inmunidad incorporada a estas gripes.

La cadena de contagio de gripes y enfermedades víricas se extendió a través de las personas en contacto; de esta manera estas gripes pudieron extenderse por toda Asia, Europa y África pues todos estos continentes tenían contacto territorial y tránsito de personas entre ellos.

Este tránsito de personas no se producía en la Edad Media entre las personas europeas y americanas de tal manera que los indígenas americanos no tuvieron contacto con las gripes Euro-Asiáticas-africanas, ni tampoco con las cepas anteriores de estas gripes mucho menos dañinas y por ello se vieron afectados en tal medida que la mortalidad que llevaron los conquistadores españoles a América fue abrumadora.

14 UNA VISION CREATIVA SOBRE EL CANCER

Vamos a estudiar el cáncer más común producido por una alteración en el ADN de una célula.

Las células de nuestro cuerpo tienen en su ADN las instrucciones que deben seguir a lo largo de su vida;

Cuando el cuerpo está creciendo y desarrollándose; mantiene instrucciones para multiplicarse; una vez el cuerpo esta desarrollado, las instrucciones son diferentes; la célula debe limitarse a alimentarse; y solo se multiplicará cuando haya que reponer el tejido dañado: este daño puede producirse por envejecimiento de las propias células o por daño efectivo; las células detectan un daño en las células colindantes debido a un agente externo como puede ser una herida o golpe y reponen las células dañadas mediante la multiplicación de las células colindantes en el tejido dañado, hasta su reposición.

Luego la célula tiene en su ADN impreso el mecanismo para reproducirse en caso de necesidad.

Si los eslabones de la cadena de ADN que controlan las causas necesarias para su reproducción; son dañados (por ejemplo, por radiaciones); entonces la célula se ve privada del mecanismo de control de su reproducción. Este mecanismo al ser liberado empieza a reproducir la célula sin ningún control formando tumores, metástasis, etc.

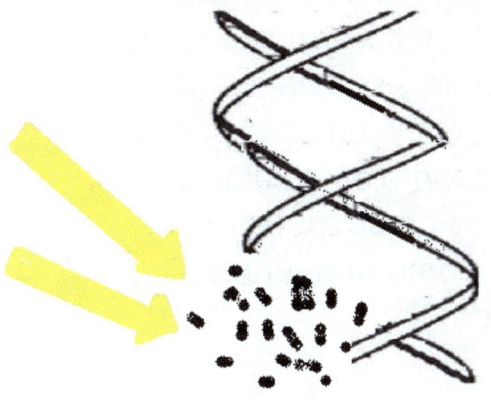

Conociendo el mecanismo por el que se produce un cáncer;

debemos pasar a pensar sobre soluciones al mismo:

VACUNA:

El problema de la vacuna es que buscaríamos soluciones para aniquilar las células cancerosas; pero las células cancerosas son al final células de nuestro propio cuerpo, y la vacuna al no poder discernir cuales son las células cancerosas y cuales son de nuestro propio cuerpo, podría aniquilar también células sanas, por lo que no se muestra la Vacuna como una terapia adecuada.

CELULAS COBERTORAS RODEADORAS

Quizás sea una solución más eficaz el cultivo, de células de la misma naturaleza de las células cancerosas, pero no malignas; (por ejemplo, si es un cáncer de piel pues serían células cutáneas normales). A través de ingeniería genética, células que se encargaran de acoplarse a las células cancerosas adosándose a ellas debido a su igual naturaleza, rodeándolas e impidiendo su expansión.

Otra terapia sería inyectar en los tumores y metástasis infecciones bacterianas para producir en esas zonas acumulación de glóbulos blancos que lleven la batalla precisamente al tumor:

Este método sí podría ser de fácil aplicación para comprobar su eficacia.

15 REFRACCION DE LA LUZ

La luz en el efecto fotoeléctrico interfiere con los electrones; los electrones salen expulsados de la placa metálica al chocar los fotones en ella.

En la refracción cuando rayo de luz atraviesa un medio con mayor número de átomos y mayor número electrones se produce mayor interacción y colisiones fotón-electrón de tal manera que el haz de luz se desvía hacia ese medio con un índice de refracción mayor.

Es lógico pensar que a mayor densidad electrónico-molecular la interacción es mayor, siendo también mayor la desviación hacia el medio, y a menor densidad la interacción es menor, siendo menor también la desviación hacia el medio.

¿Porque el lápiz parece roto? en realidad lo que se produce es una desviación de la luz a ras de la superficie del agua; una desviación violenta en la que parece que el lápiz está quebrado. Una desviación hacia el medio de mayor densidad de refracción.

Huygens afirma que el rayo de luz varía su dirección por cambio de velocidad al pasar a otro medio.

El rayo de luz según Huygens modifica su dirección a la par que cambia su velocidad.

Esta afirmación no tiene por qué estar regañada con la ley aquí descrita: "Mayor interacción entre átomos, electrones y luz = mayor refracción".

Si Huygens afirma que el rayo de luz varía su dirección por pérdida de velocidad; Esta pérdida podría deberse a la mayor interacción entre fotones y electrones de los átomos y moléculas del medio.

www.ingramcontent.com/pod-product-compliance
Lightning Source LLC
Chambersburg PA
CBHW050259230526
45471CB00005B/1949